Die

Berechnung der Druckverluste

in

Dampfleitungen.

Von

Dr. J. B. Goebel,

Ingenieur und Maschinenfabrikant in Firma Michael Aleiter senior in Mainz.

Separat-Abdruck aus dem Gesundheits-Ingenieur

herausgegeben von

G. Anklam,

Ingenieur und Betriebsleiter des Wasserwerkes zu Friedrichshagen bei Berlin.

München.

Druck und Verlag von R. Oldenbourg.

1898.

In Dinglers Polytechn. Journal, Bd. 236[1]) hat be-
kanntlich Prof. H. Fischer zur Bestimmung der Druckverluste in Dampfleitungsröhren eine Formel gegeben,
in welcher sowohl die in den Leitungsröhren auftretende
Kondensation des Dampfes als auch der Verbrauch an
lebendiger Kraft infolge des Reibungswiderstandes Be-
rücksichtigung fand.

Die Zuverlässigkeit dieser Gleichung wurde durch
die in den Jahren 1885 und 1886 von Nasse, Ehr-
hardt und Gutermuth angestellten Versuche erprobt
und auf diese Weise eine sehr gute Übereinstimmung
zwischen Theorie und praktischem Versuch nachge-
wiesen.[2])

In den meisten Lehr- und Taschenbüchern wurde
infolgedessen die Anwendung der Gleichungen von H.
Fischer empfohlen und zwar entweder in ihrer allgemeinen Gestalt oder in etwas gekürzter Form (als
Näherungsformel) zur Bestimmung kleinerer Druckverluste.

Schon die Bestimmung der Spannungsverluste mittels
der Näherungsformel stellt eine nicht unbedeutende

---

[1]) Vgl. auch ›Handbuch der Architektur‹ 3. Teil, 4. Bd. 2. Aufl.
S. 167.

[2]) Vgl. die preisgekrönte Abhandlung von M. F. Gutermuth
›Die Geschwindigkeit des Dampfes in Leitungsröhren‹ Ztschr. des
Ver. deutscher Ingen. 1887. No. 32—36.

Summe rechnerischer Arbeit dar, namentlich wenn es sich um Berechnung eines ganzen Leitungssystems handelt.

Eine noch weit größere Arbeit erwächst jedoch, wenn ein solches Leitungssystem auf dem gewöhnlichen Wege mittels der allgemeinen Formel berechnet werden soll.

Im folgenden soll nun gezeigt werden, wie mit Hilfe von einigen nicht sehr umfangreichen logarithmischen Tabellen diese Rechnungsarbeit außerordentlich abgekürzt werden kann und zwar sowohl mit Hinsicht auf die Näherungsformel als auch auf die allgemeine Gleichung.

Bei Anwendung dieser Tabellen können die Druckverluste für die einzelnen Rohrstrecken nahezu ohne Rechnung ermittelt werden, so daß der Zweck der vorliegenden Arbeit, dem Praktiker zur schnellen Durchführung solcher Berechnungen ein geeignetes Hilfsmittel zu bieten — vielleicht erreicht ist.

1. Umformung der allgemeinen Gleichung.

Legt man zur Bestimmung des Gewichtes γ von 1 cbm Dampf in kg die Näherungsformel zu Grunde

$$\gamma = \frac{m + p}{n}, \qquad 1)$$

worin p die Spannung des Dampfes in kg pro qm, m und n Erfahrungszahlen bedeuten, so hat man nach H. Fischer zwischen der Anfangsspannung p_1 und der Endspannung p_2 eines Dampfleitungsrohrs vom Durchmesser d (in Centimetern auszudrücken) und der Länge l (in Metern) folgende Beziehung[1]):

$$(m + p_1)^2 - (m + p_2)^2 = \frac{3,8\,nl}{d^5}\left(Q^2 + QV + \frac{V^2}{3}\right), \quad 2)$$

---

[1]) Vgl. »Handb. der Architektur« 3. Teil, 4. Bd. 2. Aufl. H. Fischer, Heizung und Lüftung der Räume, Gleichg. 100. Setzt

worin noch bedeuten

Q die in der Röhre sich bewegende Dampfmenge in kg, welche in jeder Stunde am Ende der betrachteten Rohrstrecke abgeliefert werden soll,

V den gesamten stündlichen Dampfverlust in kg innerhalb der Rohrlänge l.

Näherungsweise setzt H. Fischer[1])

$$Q^2 + QV + \frac{V^2}{3} = \left(Q + \frac{V}{2}\right)^2,$$

so daſs man die obige Formel auch schreiben kann:

$$(m + p_1)^2 - (m + p_2)^2 = \frac{3,8\,nl}{d^5}\left(Q + \frac{V}{2}\right)^2,   \qquad 3)$$

mittels welcher Formel aus der Anfangsspannung p_1 die Endspannung p_2 (oder umgekehrt aus der Spannung p_2 die Spannung p_1) und somit der Spannungsabfall $p_1 - p_2$ berechnet werden kann, wenn die Dampfmengen Q und V und die Dimensionen des Leitungsrohrs als bekannt angenommen werden.

Die Formel hat das Unbequeme, daſs der am meisten interessierende Spannungsabfall $p_1 - p_2$ nicht direkt in

---

man in dieser Gleichung statt des Buchstabens $o \backsim m$, ferner weil d in cm ausgedrückt werden soll, statt $D_{(in\ m)} \backsim \frac{d_{(in\ cm)}}{100}$ und endlich $(D + \delta)\,Kl = V$, so gelangt man leicht zu der oben mit 2) bezeichneten Gleichung.

[1]) Fischer setzt dabei voraus, daſs V kleiner als Q sei, was wohl auch in fast allen in der Praxis vorkommenden Fällen zutrifft. — Aber auch für den allgemeinen Fall lieſse sich der Ausdruck $Q^2 + QV + \frac{V^2}{3}$ leicht durch einen einfacheren, für die Rechnung bequemeren Ausdruck ersetzen. So kann z. B. annähernd gesetzt werden

$$Q^2 + QV + \frac{V^2}{3} = (Q + 0{,}56\ V)^2.$$

Der mittelst des Ausdrucks rechts berechnete Wert weicht höchstens um $\pm\ 5\%$ vom richtigen Werte des Ausdrucks links ab.

einfacher Weise bestimmt werden kann; auch würde die
Berechnung eines etwas ausgedehnteren Dampfleitungs-
systems nach dieser Formel einen Aufwand von Zeit
und Mühe beanspruchen, wie er bei Projektierungs-
arbeiten nur in seltenen Fällen der Praxis zu Gebote
steht.

Schreibt man die Gleichung, wie folgt:

$$p_1 - p_2 = \frac{1,9}{\frac{1}{n}\left(m + \frac{p_1 + p_2}{2}\right)} \frac{l}{d^5}\left(Q + \frac{V}{2}\right)^2, \qquad 4)$$

so ersieht man, dafs der Spannungsabfall $p_1 - p_2$ leicht
direkt bestimmt werden könnte, wenn das dem mittleren Druck $\frac{p_1 + p_2}{2}$ entsprechende spezifische Gewicht γ^* (vgl. Gleichung 1)

$$\gamma^* = \frac{1}{n}\left(m + \frac{p_1 + p_2}{2}\right)$$

bekannt wäre. Gleichung 4) läfst sich mit Einführung
von γ^* auch folgendermafsen schreiben:

$$p_1 - p_2 = \frac{1,9\, l}{\gamma^* d^5}\left(Q + \frac{V}{2}\right)^2. \qquad 5)$$

Für geringe Spannungsverluste wird sich γ bezw. p
wenig ändern; es kann sonach leicht für diesen Fall ein
entsprechender Wert γ^* oder $\frac{p_1 + p_2}{2}$ angenommen und
also $p_1 - p_2$ direkt bestimmt werden.[1]

Für gröfsere Spannungsverluste geht man zweck-
mäfsig in etwas anderer Weise vor.

---

[1] Vgl. »Handb. der Architektur«, 3. Teil, 4. Bd. 2. Auflage.
H. Fischer, Heizung und Lüftung der Räume, Gleichung 106. —
Das spezifische Gewicht γ^* bedeutet offenbar auch das mittlere
spezifische Gewicht zwischen den der Anfangs- und Endspannung
p_1 und p_2 entsprechenden spezifischen Gewichten γ_1 und γ_2.

Nimmt man an, daſs, wie es gewöhnlich der Fall sein wird, p_1 gegeben ist, so kann man aus der Gleichung 4) für $p_1 - p_2$ einen ersten Näherungswert $(p_1 - p_2)'$ berechnen, indem man auf der rechten Seite der Gleichung 4) näherungsweise setzt $p_2 = p_1$. Man erhält auf diese Weise

$$(p_1 - p_2)' = \frac{1{,}9\,nl}{(m + p_1)\,d^5}\left(Q + \frac{V}{2}\right)^2 \qquad 6)$$

oder, wenn wir auch hier das der Spannung p_1 entsprechende spezifische Gewicht mit γ_1 bezeichnen, so daſs also

$$\gamma_1 = \frac{1}{n}\,(m + p_1)$$

und

$$(p_1 - p_2)' = \frac{1{,}9\,l}{\gamma_1\,d^5}\left(Q + \frac{V}{2}\right)^2. \qquad 7)$$

Dieser Näherungswert $(p_1 - p_2)'$ wird jedenfalls zu klein sein; er wird jedoch um so zutreffender sein, je kleiner $(p_1 - p_2)'$ im Verhältnis zur Anfangsspannung p_1 ausfällt.

Es ist von Interesse, den Näherungswert $(p_1 - p_2)'$ mit dem richtigen Endwert $p_1 - p_2$ in Beziehung zu bringen.

Man erhält aus 4) und 6) leicht die Beziehung

$$\frac{(p_1 - p_2)'}{p_1 - p_2} = \frac{2\,m + p_1 + p_2}{2\,(m + p_1)}$$

oder auch

$$\frac{(p_1 - p_2)'}{p_1 - p_2} = 1 - \frac{p_1 - p_2}{2\,(m + p_1)}. \qquad 8)$$

Der auf der rechten Seite der Gleichung vorkommende Bruch $\dfrac{p_1 - p_2}{2\,(m + p_1)}$ kann offenbar nur zwischen 0 und $\frac{1}{2}$ liegen; denn es soll einerseits $p_1 - p_2$ nicht kleiner werden als Null; anderseits wird sich der Bruch (für kleines p_2 und grofses p_1) immer mehr der Grenze $^1/_2$ nähern. Es wird also das Verhältnis $\dfrac{(p_1 - p_2)'}{p_1 - p_2}$ zwischen den Grenzen $^1/_2$ und 1, der reziproke Wert $\dfrac{p_1 - p_2}{(p_1 - p_2)'}$ demnach zwischen 1 und 2 liegen.

Setzt man abkürzungsweise

$$p_1 - p_2 = y, \quad (p_1 - p_2)' = z, \quad 2\,(m + p_1) = e,$$

so hat man nach 8)

$$y^2 - e\,y + e\,z = o,$$

woraus

$$y = \frac{e}{2}\left(1 \pm \sqrt{1 - \frac{4\,z}{e}}\right)$$

oder

$$p_1 - p_2 = (m + p_1)\left(1 \pm \sqrt{1 - \frac{2\,(p_1 - p_2)'}{m + p_1}}\right).$$

Durch Einsetzung dieses Wertes in den Ausdruck auf der rechten Seite der Gleichung 8) findet man

$$\frac{(p_1 - p_2)'}{p_1 - p_2} = \frac{1}{2}\left[1 \pm \sqrt{1 - \frac{2\,(p_1 - p_2)'}{m + p_1}}\right].$$

Wie oben gezeigt, liegt das Verhältnis $\dfrac{(p_1 - p_2)'}{p_1 - p_2}$ zwischen $^1/_2$ und 1. Wendet man in der letzten Formel vor dem Wurzelzeichen das Minuszeichen an, so wird $\dfrac{(p_1 - p_2)'}{p_1 - p_2} < \dfrac{1}{2}$; es kann also nur das Pluszeichen gelten, weshalb

$$\frac{(p_1 - p_2)'}{p_1 - p_2} = \frac{1}{2}\left[1 + \sqrt{1 - \frac{2\,(p_1 - p_2)'}{m + p_1}}\right]$$

oder auch

$$\frac{p_1 - p_2}{(p_1 - p_2)'} = \frac{2}{1 + \sqrt{1 - \dfrac{2\,(p_1 - p_2)'}{m + p_1}}}. \qquad 9)$$

Der Ausdruck rechts hat offenbar die Bedeutung eines Korrektionsfaktors. Bezeichnet man denselben mit φ, so ist

$$\varphi = \frac{2}{1 + \sqrt{1 - \dfrac{2\,(p_1 - p_2)'}{m + p_1}}} \qquad 10)$$

und

$$p_1 - p_2 = \varphi\,(p_1 - p_2)'. \qquad 11)$$

Der Faktor $\varphi = \dfrac{p_1 - p_2}{(p_1 - p_2)'}$ liegt, wie früher gezeigt wurde, zwischen 1 und 2. Macht man die Einschränkung, dafs nur Drucke p_1 in Betracht kommen sollen, die unter einem gewissen Maximalwert $p_{1\,(\text{max})}$ liegen, so hat man, wie leicht zu ersehen, die Ungleichung

$$0 < \frac{p_1 - p_2}{2\,(m + p_1)} < \frac{p_{1\,(\text{max})}}{2\,[m + p_{1\,(\text{max})}]}$$

oder auch nach Gleichung 8)

$$1 < \varphi < \frac{2\,[m + p_{1\,(\text{max})}]}{2\,m + p_{1\,(\text{max})}}. \qquad 12)$$

Was die Erfahrungszahlen m und n betrifft (Gleichung 1), so kann für Werthe p, welche zwischen 0 und 60 000 kg pro qm (Überdruck) liegen, mit genügender Annäherung

$$m = 11\,504 \quad \text{und} \quad n = 19\,756$$

gesetzt werden, so dafs sich also ergibt

$$\gamma = \frac{11\,504 + p}{19\,756}. \qquad 13)$$

Die Werte γ, welche sich hieraus berechnen, stimmen für $p = 0$ und $p = 60\,000$ kg pro qm (Überdruck) mit den bezüglichen Dampfgewichten 0,58 und 3,62 überein; für die zwischenliegenden Werte ergeben sich für γ Zahlen, welche bis zu ca. 2 % kleiner sind als die entsprechenden Dampfgewichte.

2

2. Berechnung von Niederdruck-Dampfleitungen.

In Niederdruckdampfleitungen ist das spezifische Gewicht des Dampfes meist nur wenig veränderlich. Bei vielen Ausführungen (Niederdruckdampfheizungen) wird der Überdruck im Heizkessel zu etwa 1500 kg pro qm gewählt, so daß im ungünstigsten Falle (d. h. wenn im Leitungssysteme nahezu der gesamte Überdruck verloren ginge) als mittlerer Druck in den Rohrleitungen 750 kg pro qm angenommen werden könnte.

Dieser Spannung entspricht nach Formel 13) ein mittleres spezifisches Gewicht

$$\gamma = \frac{11504 + 750}{19756} = 0,62.$$

Man kann daher für solche Leitungen bezw. Leitungssysteme den Spannungsabfall nach Gleichung 5) berechnen

$$p_1 - p_2 = \frac{1,9\,l}{0,62\,d^5}\left(Q + \frac{V}{2}\right)^2 \qquad 14)$$

oder auch

$$\log(p_1 - p_2) + \log\frac{0,62\,d^5}{1,9} = \log l + 2\log\left(Q + \frac{V}{2}\right). \ 15)$$

Um die Rechnung recht bequem zu machen, wurden dieser Gleichung entsprechend Tabellen der Werte $\log l$ und $\log\left(Q + \frac{V}{2}\right)^2$ angelegt, und zwar ergab sich, daß für den vorliegenden Zweck z w e i s t e l l i g e Logarithmen vollständig genügen, so daß für die praktische Rechnung nur ein außerordentlich geringer Aufwand von Zahlenmaterial erforderlich wird.

Die Werte $\log l$ und $\log\left(Q + \frac{V}{2}\right)^2$ sollen abkürzungsweise mit a und b bezeichnet werden, so daß also

$$a = \log l, \qquad\qquad 16)$$

$$b = \log\left(Q + \frac{V}{2}\right)^2. \qquad 17)$$

Die beiden Tabellen für a und b sind der Raumersparnis halber in Tabelle I (siehe Tafel 1) vereinigt, so dafs die in den Spalten 1, 4, 7, 10, 13 befindlichen Zahlen 1 bis 700 jeweilen als Rohrlänge l in m oder als stündliche Dampfmenge $Q + \dfrac{V}{2}$ in kg zu gelten haben.

Ferner wurde unter der Annahme verschiedener Rohrdurchmesser d und Druckverluste $p_1 - p_2$ für den Ausdruck in Gleichung 15) links

$$\log (p_1 - p_2) + \log \frac{0{,}62\,d^5}{1{,}9},$$

welcher zum Zwecke einfacherer Bezeichnung mit f_0 bezeichnet werden mag, eine längere Wertereihe berechnet (Tabelle II, in zweistelligen Logarithmen).

$$f_0 = \log (p_1 - p_2) + \log \frac{0{,}62\,d^5}{1{,}9}. \qquad 18)$$

Mit Einführung der einfacheren Bezeichnungen kann die Beziehung 15) kürzer geschrieben werden

$$f_0 = a + b. \qquad 19)$$

In der Tabelle II stehen die Werte f_0 **r e c h t s** vom jeweiligen Druckverlust $p_1 - p_2$.

Links, in den mit g bezeichneten Spalten stehen die zur Berechnung benutzten $\log (p_1 - p_2)$.

Die Spalte des Druckverlusts $p_1 - p_2$ ist von 5 bis 60000 kg pro qm geführt und zwar deswegen, weil die gleiche Tabelle, wie später gezeigt werden soll, auch zur Berechnung von Hochdruckdampfleitungen benutzt werden kann.

Als Rohrdurchmesser wurden die in der Praxis sehr häufig vorkommenden Gasrohrdurchmesser von 13 bis 76 mm Lichtweite ($^1/_2''$ bis 3'' engl.) zu Grunde gelegt.

In Tabelle V am Schlusse der Tafel sind auch einige Angaben von Dampfverlusten V pro m enthalten, welche in Ermangelung präziserer Daten unter gewöhnlichen Verhältnissen zur schätzungsweisen Ermittlung der Werte V dienen können.

1. Beispiel.
Berechnung einer Niederdruckdampfleitung.

Wie grofs ist der Druckverlust in einer Niederdruckdampfleitung von 25 mm Lichtweite und 29 m Länge, wenn der Dampfverbrauch am Ende der Leitung 10 kg beträgt und der Dampfverlust V innerhalb des (isoliert gedachten) Leitungsrohrs zu 4 kg geschätzt wird?

Zur Rohrlänge $l = 29$ m gehört
(Tab. I, Spalten 1 u. 2) . . . . $\qquad a = 1,46$

Zur Dampfmenge $Q + \dfrac{V}{2} = 10 + 2 =$

12 kg gehört (Tab. I, Spalt. 1 u. 3) $\qquad b = 2,16$

Es ergibt sich daher . . . . . . $f_0 = a + b = 3,62$

Hierzu gehört nach Tab. II für 25 mm - Rohr der Druckverlust (Spalt. 5 u. 2) . . . $p_1 - p_2 = 130$ kg pro qm.

Wie man aus diesem Rechnungsbeispiel ersieht, ist die Bestimmung des Druckverlustes in Niederdruckdampfleitungen mittels der gegebenen Tabellen aufserordentlich einfach.

Allerdings beziehen sich die so gefundenen Verluste auf einen mittleren Überdruck von 750 kg pro qm in der Leitung.

In den selteneren Fällen, in welchen der mittlere Überdruck noch kleiner ist, werden die Spannungsverluste etwas gröfser, jedoch können dieselben in den Fällen der Praxis nur mehr um wenige Prozente wachsen.

Umgekehrt wird in allen Fällen, in welchen (bei Niederdruck) der mittlere Überdruck in der Leitung gröfser ist als 750 kg pro qm, der Spannungsverlust etwas kleiner sein als der eben berechnete, so dafs man mit der Annahme der gefundenen Zahl entsprechend sicherer gehen wird.

3. Berechnung von Hochdruck-Dampfleitungen.

a) Näherungsverfahren für kleine Druckverluste.

Ist der Spannungsabfall $p_1 - p_2$ klein, so kann man zur Bestimmung desselben die Näherungsformel 7) benützen

$$(p_1 - p_2)' = \frac{1,9\, l}{\gamma_1\, d^5}\left(Q + \frac{V}{2}\right)^2.$$

Schreibt man dieselbe

$$(p_1 - p_2)' = \frac{1,9\, l}{0,62\, d^5}\left(Q + \frac{V}{2}\right)^2 \frac{0,62}{\gamma_1}$$

oder weil $\quad \gamma_1 = \dfrac{m + p_1}{n},$

$$\log (p_1 - p_2)' + \log \frac{0,62\, d^5}{1,9} = \log l + \log \left(Q + \frac{V}{2}\right)^2$$
$$+ \log \frac{0,62\, n}{m + p_1} \qquad 20)$$

und vergleicht diese Beziehung mit 15), so ersieht man, daß die Berechnung fast in gleicher Weise erfolgen kann wie bei Niederdruckdampfleitungen.

Zu der Summe $\log l + \log \left(Q + \dfrac{V}{2}\right)^2 = a + b$ ist nur noch das Glied

$$\log \frac{0,62\, n}{m + p_1},$$

welches abkürzungsweise mit c bezeichnet werden mag, zu addieren, im übrigen genau so zu verfahren wie früher. Der zum Überdruck p_1 gehörige Wert

$$c = \log \frac{0,62\, n}{m + p_1} \qquad 21)$$

kann aber aus Tabelle III entnommen werden, so daß eine weitere Rechnung hierfür nicht erforderlich ist. Wie man leicht erkennt, sind die Werte c für $p_1 > 750$ kg pro qm echte Brüche, ihre Logarithmen daher nega-tive Zahlen. Um die Minuszeichen zu vermeiden, wurden in bekannter Weise für die Tabelle die Werte $c + 10$ benutzt, was bei den betreffenden Additionen beachtet werden muſs.

Setzt man hier im Anschluſs an die frühere Bezeich-nungsweise

$$f_1 = \log (p_1 - p_2)' + \log \cdot \frac{0{,}62\, d^5}{1{,}9} \qquad 22)$$

(so daſs also nur die in den Spalten 2 und 12 der Ta-belle II stehenden, früher als Druckverluste $p_1 - p_2$ gel-tenden Werte, jetzt als — annähernd richtige — Druck-verluste $(p_1 - p_2)'$ zu gelten haben), so behält Tabelle II selbstredend auch für die Werte f_1 Gültigkeit. Mit Ein-führung der neuen Bezeichnungen läſst sich Gleichung 20) kürzer schreiben

$$f_1 = a + b + c. \qquad 23)$$

Bei der Berechnung des (annähernd zutreffenden) Druckverlustes $(p_1 - p_2)'$ hat man also die Werte a und b (in Tabelle I vereinigt) aufzusuchen, zu diesen den in Tabelle III sich findenden Wert c zu addieren, um dann, genau wie bei Niederdruckdampfleitungen den Wert $(p_1 - p_2)'$ aus Tabelle II für eine entsprechende Rohr-sorte entnehmen zu können.

Wir wollen an dieser Stelle auch für den Wert $\log (p_1 - p_2)'$, welcher im Abschnitt 3b) noch weiter ver-wendet werden wird, eine kurze Bezeichnung einführen, indem wir setzen

$$g = \log (p_1 - p_2)'. \qquad 24)$$

Um den genauen Wert $p_1 - p_2$ zu erhalten, müſste allerdings der gefundene Wert $(p_1 - p_2)'$ noch mit dem Korrektionsfaktor φ (10) multipliziert werden.

Begnügt man sich mit dem Näherungswert $(p_1 - p_2)'$, so entsteht ein Fehler, über dessen Gröfse man leicht mit Hilfe der folgenden Tabelle ein Urteil gewinnen kann.

Es sind in dieser Tabelle der schnellen Übersichtlichkeit halber für verschiedene Verhältniszahlen $\alpha = \dfrac{(p_1 - p_2)'}{p_1}$ und Überdrucke p_1 die zugehörigen Korrektionsfaktoren φ zusammengestellt. Dieselben wurden berechnet nach der aus 10) sich ergebenden Formel

$$\varphi = \frac{2}{1 + \sqrt{1 - \dfrac{2\,\alpha\,p_1}{m + p_1}}}.$$

$\alpha = \dfrac{(p_1-p_2)'}{p_1}$	Überdruck p_1 in kg pro qm						
	5000	10 000	20 000	30 000	40 000	50 000	60 000
0,05	1,008	1,012	1,016	1,019	1,020	1,021	1,022
0,10	1,016	1,024	1,034	1,039	1,042	1,044	1,046
0,20	1,032	1,051	1,073	1,085	1,093	1,098	1,102

Als Gedächtnisregel könnte man hiernach folgenden Satz aufstellen:

Wenn der berechnete Spannungsabfall $(p_1 - p_2)'$

5,   10,   20 %

der Anfangsspannung p_1 beträgt und diese letztere kleiner als 60 000 kg pro qm (Überdruck) ist, so ist zu den berechneten Werten $(p_1 - p_2)'$ höchstens ein Zuschlag von

$2\frac{1}{2}$,   5,   10 %

(also der Hälfte der obigen Prozentsätze) zu machen.

Hätte man z. B. bei der Berechnung einer zusammengesetzten Dampfleitung beobachtet, dafs die Einzelwerte $(p_1 - p_2)'$, welche summiert wurden, jeweilen kleiner waren als $0,10\,p_1$, so brauchte man nur $\Sigma(p_1 - p_2)'$ um 5% zu vergröfsern, um eine Zahl zu erhalten, welche im allgemeinen noch um einige Prozent gröfser sein wird als der genaue Wert $\Sigma\,(p_1 - p_2)$.

Man ersieht also, dafs für viele Fälle der Praxis sehr wohl ohne weiteres die Näherungsformel 7) benutzt werden kann.

Ein entsprechender Zuschlag läfst sich, falls man sicherer gehen will, wie oben gezeigt, leicht und fast ohne Rechnung angeben.

2. Beispiel.

Berechnung einer Hochdruckdampfleitung mit geringem Spannungsverlust.

Der Anfangsdruck (Überdruck) p_1 ist 41 000 kg pro qm, die lichte Rohrweite 25 mm, die Rohrlänge $l = 10$ m; die am Ende der Leitung stündlich zu liefernde Dampfmenge beträgt $Q = 120$ kg, der Dampfverlust innerhalb des (nicht isolierten) Leitungsrohres $V = 2$ kg. Wie grofs ist der Spannungsverlust?

Zur Rohrlänge $l = 10$ m gehört
(Tab. I, Spalten 1 u. 2) . . . . $a = 1,00$

Zur Dampfmenge $Q + \dfrac{V}{2} = 120 + 1 =$

121 kg gehört (Tab. I, Spalt. 4 u. 6) $b = 4,17$
Zum Überdruck $p_1 = 41\,000$ kg gehört (Tab. III, Spalten 3 u. 4) . . $c = 9,37 - 10$
Es ergibt sich daher . . . . $f_1 = a + b + c = 4,54$
Hierzu gehört nach Tab. II für
25 mm-Rohr (Spalten 15 u. 12)
der Druckverlust . . $(p_1 - p_2)' = 1100$ kg pro qm.

Der so berechnete Druckverlust ist offenbar im Verhältnis zur Anfangsspannung p_1 sehr klein (nicht ganz 3 % der letzteren) und kann deshalb für die Zwecke praktischer Rechnungen ohne weiteres als der richtige gelten.

Nach der obigen Regel würde sich bei einem Zuschlag von $1^1/_2\%$ zu dem gefundenen Druckverlust bereits eine Zahl ergeben, welche größer ist als der genaue Verlust $p_1 - p_2$.

b) Allgemeines Verfahren.

Mittels der Tabellen I, II und III und der im 1. Abschnitt angegebenen Gleichungen kann man, wie oben bereits angedeutet, bei gegebenem Anfangsdruck p_1 auch den endgültigen Wert $p_1 - p_2$ ohne Schwierigkeit berechnen.[1]

Man ermittelt zunächst, wie gezeigt wurde, den Wert $(p_1 - p_2)'$ und berechnet hierzu mit Hilfe von Gleichung 10)

$$\varphi = \cfrac{2}{1 + \sqrt{1 - \cfrac{2\,(p_1 - p_2)'}{m + p_1}}},$$

den Korrektionsfaktor φ, so daß man mittels der Beziehung 11)

$$p_1 - p_2 = \varphi\,(p_1 - p_2)'$$

leicht zum Endresultat gelangen kann.

Um diese Arbeit zu kürzen, empfiehlt es sich, eine Tabelle anzulegen, aus welcher zu den Werten $\dfrac{2\,(p_1 - p_2)'}{m + p_1}$ die entsprechenden Werte φ entnommen werden können.

Mittels der bereits vorhandenen Tabellen kann man nun sehr leicht den Logarithmus einer Zahl berechnen, welche dem Werte $\dfrac{2\,(p_1 - p_2)'}{m + p_1}$ einfach proportional ist.

---

[1] Auch die Behandlung des umgekehrten Falles, daß die Endspannung p_2 gegeben ist, bietet keinerlei Schwierigkeiten. Es wurde jedoch auf eine Erweiterung der Tabellen nach dieser Richtung verzichtet, da die gegebenen Tabellen den Zwecken der praktischen Rechnung bereits genügen dürften.

In Tabelle II haben wir nämlich in den mit g bezeichneten Spalten die Werte log $(p_1 - p_2)$, die — so lange Gleichung 7) in Betracht kommt — selbstredend als log $(p_1 - p_2)'$ zu gelten haben.

In Tabelle III dagegen stehen die Werte

$$c = \log \frac{0{,}62\,n}{m + p_1} = \log \frac{0{,}62}{\gamma_1}.$$

Wenn man daher zu dem nach Gleichung 20) leicht bestimmbaren log $(p_1 - p_2)'$ den zu p_1 gehörigen Wert c addiert, so erhält man einen Wert

$$\log 0{,}62\,n\, \frac{(p_1 - p_2)'}{m + p_1},$$

dessen Numerus der Zahl $\dfrac{2\,(p_1 - p_2)'}{m + p_1}$ einfach proportional ist.

Setzen wir

$$\psi = 0{,}62\,n\,\frac{(p_1 - p_2)'}{m + p_1}, \qquad\qquad 25)$$

so ist

$$\log \psi = \log (p_1 - p_2)' + \log \frac{0{,}62\,n}{m + p_1}$$

oder nach Bezeichnung 24) $[g = \log (p_1 - p_2)']$, und wenn wir abkürzungsweise noch setzen

$$i = \log \psi, \qquad\qquad 26)$$
$$i = g + c. \qquad\qquad 27)$$

Nach 25) ist

$$\frac{2\,(p_1 - p_2)'}{m + p_1} = \frac{\psi}{0{,}31\,n}.$$

Daher läfst sich Gleichung 10) schreiben

$$\varphi = \frac{2}{1 + \sqrt{1 - \dfrac{\psi}{0{,}31\,n}}},$$

woraus sich leicht ergibt

$$\psi = 0{,}31\, n \left[1 - \left(\frac{2-\varphi}{\varphi}\right)^2\right]. \qquad 28)$$

Der Korrektionsfaktor φ liegt nach 12), da für unsere Tabellen $p_{1\,(max)} = 60\,000$ kg pro qm, zwischen 1 und 1,60, oder es liegt log φ swischen 0 und 0,20.

Es wurden nun mittels der Formel 28) zu den Werten

$$\log \varphi = 0{,}01,\ 0{,}02 \text{ u. s. w. bis } 0{,}20,$$

also im ganzen zu 20 Zahlen die zugehörigen Werte $i = \log \psi$ bestimmt und in eine neue Tabelle (IV) eingetragen.

Zum Zwecke einfacherer Bezeichnung wurde noch gesetzt

$$h = \log \varphi. \qquad 29)$$

Nach Gleichung 11)

$$\log (p_1 - p_2) = \log (p_1 - p_2)' + \log \varphi$$

könnte man nun sehr leicht mit Hilfe der entsprechenden Zahlen der Tabellen II und IV den gesuchten Druckverlust $p_1 - p_2$ ermitteln.

Es empfiehlt sich jedoch aus verschiedenen Gründen, die Rechnung ganz im Anschluſs an das bisherige Verfahren — mit direkter Benutzung der Tabellenwerte f — durchzuführen.

Addiert man auf beiden Seiten der letzten Gleichung $\log \dfrac{0{,}62\, d^5}{1{,}9}$, so erhält man

$$\log (p_1 - p_2) + \log \frac{0{,}62\, d^5}{1{,}9} = \log (p_1 - p_2)'$$
$$+ \log \frac{0{,}62\, d^5}{1{,}9} + \log \varphi$$

oder auch wegen 22) und 29)

$$\log (p_1 - p_2) + \log \frac{0{,}62\, d^5}{1{,}9} = f_1 + h = a + b + c + h.$$

Den Ausdruck auf der linken Seite könnte man wieder gleich f_0 setzen, da er sich mit Hinsicht auf Tabelle II genau so wie jene Zahl berechnet (vergl. 18). Wir wollen jedoch, um hier die Verwendung der Größe f für den allgemeinen Fall hervorzuheben, einen neuen Index anwenden, indem wir setzen

$$f_2 = \log (p_1 - p_2) + \log \frac{0,62\,d^5}{1,9} \qquad 30)$$

und erhalten somit schließlich die einfache Beziehung

$$f_2 = f_1 + h = a + b + c + h. \qquad 31)$$

Der Gang der Rechnung ist nun folgender:
Man ermittelt zunächst, wie im Abschnitt 3a) näher angegeben

$$f_1 = a + b + c.$$

Hierzu findet man in Tabelle II leicht für die gewählte Rohrsorte

$$g = \log (p_1 - p_2)'.$$

(Den numerischen Wert $(p_1 - p_2)'$ selbst anzuschreiben, ist hier überflüssig.) Dann läßt sich die Zahl i leicht ermitteln mit Benutzung der Beziehung

$$i = g + c.$$

Zu dieser Zahl i findet man in Tabelle IV einen zugehörigen Wert h und schließlich mittels der Gleichung

$$f_2 = f_1 + h$$

eine Zahl f_2, zu welcher sich aus Tabelle II für die gewählte Rohrsorte der Endwert $p_1 - p_2$ ergibt.

3. Beispiel.
Berechnung einer Hochdruckdampfleitung.
(Allgemeiner Fall.)

Der Anfangsdruck (Überdruck) p_1 betrage 30000 kg pro qm, die Rohrleitung habe einen Durchmesser $d = 25$ mm und sei 100 m lang. Die Dampfmenge, welche am Ende der Leitung entnommen wird, sei 120 kg, der Dampfverlust innerhalb der ganzen (isoliert gedachten) Leitung betrage $V = 12$ kg. Wie grofs ist der Druckverlust?

Zu Rohrlänge $l = 100$ m gehört
(Tab. I, Spalten 4 u. 5) . . . $a = 2{,}00$

Zur Dampfmenge $Q + \dfrac{V}{2} = 120$

$+\, 6 = 126$ kg gehört (Tab. I,
Spalten 7 u. 9) . . . . . . $b = 4{,}20$

Zum Überdruck $p_1 = 30000$ kg
pro qm gehört (Tab. III, Spalten 3 u. 4) . . . . $c = 9{,}47 \;\; -10$

Es ergibt sich daher . . $f_1 = a + b + c = \overline{5{,}67}$
Hierzu gehört nach Tabelle II für
25 mm-Rohr (Spalten 15 u. 11)
der Wert . . . . $g = 4{,}17$

Addiert man hierzu nochmals die
Zahl . . . . $c = 9{,}47 \;\; -10$

          so erhält man $i = 3{,}64$
Hierzu gehört nach Tabelle IV
(Spalten 3 u. 4). . . . . . $h = 0{,}115$

Addiert man hierzu wieder . . $f_1 = \overline{5{,}67}$
so erhält man $f_2 = f_1 + h = a + b + c + h = \overline{5{,}785}$
Hierzu gehört nach Tabelle II für
25 mm-Rohr (Spalten 15 u. 12)
ein Druckverlust . . $p_1 - p_2 = 19250$ kg pro qm.

Man kommt auf diese Art mittels dreier unbedeutender Additionen bereits auf den endgültigen Wert $p_1 - p_2$.

Die Ungenauigkeiten, welche sich allenfalls ergeben können, rühren her von dem mehrmaligen Gebrauch der zweistelligen Logarithmen, welche, sobald gröfsere Zahlen in Betracht kommen, immerhin nur Näherungswerte darstellen.

Man wird indessen finden, daſs die mit Hilfe der Tabellen erreichbare Genauigkeit für die Zwecke der Praxis eine vollständig genügende ist, besonders, wenn man berücksichtigt, daſs aus den Tabellen III und IV mittels einfacher Interpolation auch sehr leicht annähernd richtige d r e i stellige Werte für c und h entnommen werden können (wie dies im obigen Beispiel für h angedeutet wurde)[1]).

Auſserdem wird der geübte Rechner bald finden, daſs mit Hilfe der im Eingang gegebenen Gleichungen leicht geeignete Genauigkeitsproben angestellt werden können.

Es läſst sich z. B. Gleichung 4) schreiben

$$\log (p_1 - p_2) + \frac{0{,}62\, d^5}{1{,}9} = \log l + \log \left(Q + \frac{V}{2} \right)^2$$
$$+ \log \frac{0{,}62\, n}{m + \frac{1}{2}\,(p_1 + p_2)}. \qquad 32)$$

Setzt man hierin noch

$$c^* = \log \frac{0{,}62\, n}{m + \frac{1}{2}\,(p_1 + p_2)} \qquad 33)$$

— so daſs also c^* den dem m i t t l e r e n Überdruck $\frac{1}{2}\,(p_1 + p_2)$ in Tabelle III entsprechenden Wert bedeutet (mittleres spez. Gewicht γ^*) — so läſst sich die Gleichung 32) mit Benutzung der früher angewandten einfachen Bezeichnungen schreiben

$$f_2 = a + b + c^*. \qquad 34)$$

Durch Vergleich dieser Beziehung mit 31) findet man

$$c + h = c^*, \qquad 35)$$

---

[1]) Zur Ermöglichung genauerer Interpolation wurden für die Werte i (Tabelle IV) d r e i s t e l l i g e Logarithmen angewendet.

welche Gleichung sofort eine einfache Genauigkeitsprobe ermöglicht.

Für das obige Beispiel ist

$$\frac{1}{2}(p_1 + p_2) = p_1 - \frac{1}{2}(p_1 - p_2) = 30\,000$$

$$- \frac{1}{2} 19\,250 = 20\,375.$$

Daher ist nach Tabelle III

$$c^* = 9{,}585,$$

also genau gleich $c + h = 9{,}47 + 0{,}115 = 9{,}585$.

Wäre c^* n i c h t gleich 9,585, so würde sich nach Gleichung 34) ein vom früher gefundenen Wert 19250 verschiedener Wert berechnen. Dieser Wert würde dem richtigen Wert $p_1 - p_2$ noch näher liegen als der erstberechnete u. s. w.

Wenn man die Zahlen c und h durch Interpolation etwas genauer mittels der Tabellen III und IV bestimmt, so wird man indessen bei praktischen Rechnungen auf derartige Proben verzichten können.

4. Berücksichtigung der Widerstände.

Bei den im Vorhergehenden dargelegten Methoden der Berechnung der Druckverluste in Dampfleitungen wurde immer nur der der Rohrlänge l entsprechende Rohrreibungswiderstand in Betracht gezogen, die Widerstände, welche infolge der in die Leitung eingebauten Bogenstücke, Ventile u. s. w. bei der Bewegung des Dampfes auftreten, wurden dagegen n i c h t berücksichtigt.

Diesen Widerständen kann aber leicht dadurch Rechnung getragen werden, daß an Stelle derselben entsprechende (ideelle) Rohrlängen angenommen und zur wirklich vorhandenen Rohrlänge addiert werden.

Nach H. Fischer kann man setzen, wenn $p_1 - p_2$ klein,

$$p_1 - p_2 = (1,9\,l + 0,8\,d\,\Sigma\,\xi)\,\frac{\left(Q + \dfrac{V}{2}\right)^2}{\gamma\,d^5},$$

worin $\Sigma\,\xi$ die Summe der einzelnen Widerstandskoeffizienten bedeutet und d in Centimetern einzusetzen ist.

Setzt man für einen Widerstandskoeffizienten ξ

$$0,8\,d\,\xi = 1,9\,x,$$

so bedeutet offenbar x eine Rohrlänge, durch welche der gleiche Widerstand erzeugt würde wie durch das in die Leitung eingebaute Ventil, Bogenstück oder dergleichen vom Widerstandskoeffizienten ξ. Es wird

$$x = \frac{0,8\,\xi\,d}{1,9}$$

oder, wenn d in Metern ausgedrückt wird,

$$x = \frac{80}{1,9}\,\xi\,d$$

oder rund $$x = 40\,\xi\,d.$$

Bei Projektierungsrechnungen kann man setzen

	für: gut abgerundete Bogen,	geöffnete Ventile
$\xi =$	0,5	0,5 bis 1,0,
also $x =$	20 d	20 bis 40 d,

und erhält in dieser Weise sehr einfach für die in der Leitung enthaltenen Bogen, Ventile u. s. w., deren Widerstandskoeffizienten ξ_1, ξ_2, ξ_3 ... sein mögen, zusätzliche, ideelle Rohrlängen x_1, x_2, x_3 ..., welche zur wirklichen Rohrlänge zu addieren sind.

Die gegebenen Tabellen sind also auf diese Art ohne weiteres benutzbar, wenn es sich um die Berechnung kleinerer Druckverluste $p_1 - p_2$ handelt.

Aber auch bei gröfseren Druckverlusten kann zum Zwecke der näherungsweisen Berechnung von diesem Verfahren Gebrauch gemacht werden, sobald angenommen werden darf, dafs sich die Widerstände ziemlich gleichförmig auf den ganzen Röhrenzug verteilen.

Ist dies nicht der Fall, so dürfte sich die streckenweise Berechnung der Leitung empfehlen und die Sonderbestimmung der den einzelnen Widerständen entsprechenden Druckverluste.

Man wird selbstredend bei allen derartigen Berechnungen nicht Bruchteile von *m* und kg berücksichtigen, sondern die bezüglichen Beträge den Tabellen entsprechend zu ganzen Zahlen aufrunden.

Einige Angaben über die ideellen Rohrlängen *x* bei verschiedenen Widerständen und Rohrsorten sind in Tabelle V enthalten.

5. Schlufsbemerkungen.

Das in den vorigen Abschnitten angegebene Rechnungsverfahren zur Bestimmung der Druckverluste in Dampfleitungen wird auf Veranlassung des Verfassers in der Maschinenfabrik von Michael Aleiter senior in Mainz angewendet und hat sich namentlich zur Berechnung von Dampfheizungsanlagen recht gut bewährt.

Die Tabellen lassen Anwendungen bis zu einem Überdruck von 60000 kg pro qm zu und dürften mit dieser oberen Grenze zur Berechnung wohl aller gewöhnlich vorkommenden Heizungsanlagen genügen.

Wie bereits angeführt, wurden bei der Berechnung der Tabellen als Rohrdurchmesser die in der Praxis sehr häufig vorkommenden Gasrohrdurchmesser von 13 bis 76 mm Lichtweite ($1/_2''$ bis $3''$ engl.) zu Grunde gelegt.

Der praktische Rechner wird aber auch leicht für zwischenliegende und gröfsere Rohrdurchmesser zweckmäfsige Anwendung von den Tabellen machen können.

Wir wollen b e i s p i e l s w e i s e nur darauf hinweisen, dafs
für kleine Druckverluste bei gleichem Dampfverbrauch
und gleicher Länge die Druckverluste sich umgekehrt
wie die 5ten Potenzen der Rohrdurchmesser verhalten.

Bei solchen Umrechnungen für andere Rohrdurchmesser wird es sich im Grunde nur um Multiplikationen
mit einem gewissen Reduktionskoeffizienten $\left(\dfrac{d_1}{d_2}\right)^5$ han-
deln, welche Operation sich an die in den Tabellen
zum Ausdruck kommende logarithmische Rechnung sehr
bequem anschliefsen läfst. —

Sehr geeignet erweisen sich auch die dargelegten
Rechnungsmethoden, wenn es sich darum handelt, die
bei K o n k u r r e n z p r o j e k t e n vorgesehenen Rohrweiten
schnell und sicher nachzuprüfen.

So werden z. B. bei der Vergleichung von Heizungs-
projekten seitens vieler Behörden mit Recht die von den
Unternehmern eingereichten Berechnungen der Wärme-
verluste durch die Umfassungswände der zu beheizenden
Räume aufs Genaueste geprüft; an eine Prüfung der
Rohrweiten denkt jedoch in der Regel — niemand. Die
Feststellung der Rohrweiten, welche doch auf das Preis-
angebot von wesentlichem Einflufs sind, überläfst man
den »Erfahrungen« der betreffenden Firma. Wie weit
aber diese Erfahrungen auseinandergehen, dies zeigen
manchmal die bei dem leider herrschenden Unterbietungs-
verfahren vorkommenden Preisunterschiede.

Zur richtigen Beurteilung eines Heizungsprojektes
erscheint es ganz unerläfslich, dafs eine eingehende
rechnerische Kontrolle der in den Rohrleitungen vorkommenden Druckverluste stattfinde: derartige sach-
gemäfse Prüfungen liegen ebensowohl im Interesse der
Behörden wie der Fabrikanten. Möchte auch in dieser
Beziehung die vorliegende Arbeit einigen Nutzen bringen.

Wir waren bemüht, die beigegebene Tabellentafel so zu gestalten, dafs dieselbe vom Praktiker bei der Berechnung von Druckverlusten direkt verwendet werden kann. Um auch dem Einwurf zu begegnen, man müsse nach längeren Pausen jedesmal wieder die ganze Theorie durchstudieren, wurden alle zur Anwendung der Tabellen erforderlichen Rechnungsbeispiele und Anweisungen nochmals den Tabellen beigedruckt, so dafs der Gebrauch der Tafel jedem Techniker, ja mit einiger Anleitung jedem guten Rechner ein Leichtes sein wird.

Zur Berechnung der Druckverluste in Dampfleitungen. Von Dr. J. B. Goebel.

Separat-Abdruck aus dem Gesundheits-Ingenieur. Herausgegeben von C. Anklam.

Tabelle I.

1	2	3	4	5	6	7	8	9	10	11	12
l (in m) oder $Q+\frac{V}{2}$ (in kg)	a	b	l (in m) oder $Q+\frac{V}{2}$ (in kg)	a	b	l (in m) oder $Q+\frac{V}{2}$ (in kg)	a	b	l (in m) oder $Q+\frac{V}{2}$ (in kg)	a	b
1	0,00	0,00	62	1,79	3,58	123	2,09	4,18	184	2,26	4,53
2	0,30	0,60	63	1,80	3,60	124	2,09	4,19	185	2,27	4,53
3	0,48	0,95	64	1,81	3,61	125	2,10	4,19	186	2,27	4,54
4	0,60	1,20	65	1,81	3,63	126	2,10	4,20	187	2,27	4,54
5	0,70	1,40	66	1,82	3,64	127	2,10	4,21	188	2,27	4,55
6	0,78	1,56	67	1,83	3,65	128	2,11	4,21	189	2,28	4,56
7	0,85	1,69	68	1,83	3,67	129	2,11	4,22	190	2,28	4,56
8	0,90	1,81	69	1,84	3,68	130	2,11	4,23	191	2,28	4,56
9	0,95	1,91	70	1,85	3,69	131	2,12	4,23	192	2,28	4,57
10	1,00	2,00	71	1,85	3,70	132	2,12	4,24	193	2,29	4,57
11	1,04	2,08	72	1,86	3,71	133	2,12	4,25	194	2,29	4,58
12	1,08	2,16	73	1,86	3,73	134	2,13	4,25	195	2,29	4,58
13	1,11	2,23	74	1,87	3,74	135	2,13	4,26	196	2,29	4,58
14	1,15	2,29	75	1,88	3,75	136	2,13	4,27	197	2,29	4,59
15	1,18	2,35	76	1,88	3,76	137	2,14	4,27	198	2,30	4,59
16	1,20	2,41	77	1,89	3,77	138	2,14	4,28	199	2,30	4,60
17	1,23	2,46	78	1,89	3,78	139	2,14	4,29	200	2,30	4,60
18	1,26	2,51	79	1,90	3,80	140	2,15	4,29	202	2,31	4,61
19	1,28	2,56	80	1,90	3,81	141	2,15	4,30	204	2,31	4,62
20	1,30	2,60	81	1,91	3,82	142	2,15	4,30	206	2,31	4,63
21	1,32	2,64	82	1,91	3,83	143	2,16	4,31	208	2,32	4,64
22	1,34	2,68	83	1,92	3,84	144	2,16	4,32	210	2,32	4,64
23	1,36	2,72	84	1,92	3,85	145	2,16	4,32	212	2,33	4,65
24	1,38	2,76	85	1,93	3,86	146	2,16	4,33	214	2,33	4,66
25	1,40	2,80	86	1,93	3,87	147	2,17	4,33	216	2,33	4,67
26	1,41	2,83	87	1,94	3,88	148	2,17	4,34	218	2,34	4,68
27	1,43	2,86	88	1,94	3,89	149	2,17	4,35	220	2,34	4,68
28	1,45	2,89	89	1,95	3,90	150	2,18	4,35	222	2,35	4,69
29	1,46	2,92	90	1,95	3,91	151	2,18	4,36	224	2,35	4,70
30	1,48	2,95	91	1,96	3,92	152	2,18	4,36	226	2,35	4,71
31	1,49	2,98	92	1,96	3,93	153	2,18	4,37	228	2,36	4,72
32	1,51	3,01	93	1,97	3,94	154	2,19	4,38	230	2,36	4,72
33	1,52	3,04	94	1,97	3,95	155	2,19	4,38	232	2,37	4,73
34	1,53	3,06	95	1,98	3,96	156	2,19	4,39	234	2,37	4,74
35	1,54	3,09	96	1,98	3,96	157	2,20	4,39	236	2,37	4,75
36	1,56	3,11	97	1,99	3,97	158	2,20	4,40	238	2,38	4,75
37	1,57	3,14	98	1,99	3,98	159	2,20	4,40	240	2,38	4,76
38	1,58	3,16	99	2,00	3,99	160	2,20	4,41	242	2,38	4,77
39	1,59	3,18	100	2,00	4,00	161	2,21	4,41	244	2,39	4,77
40	1,60	3,20	101	2,00	4,01	162	2,21	4,42	246	2,39	4,78
41	1,61	3,23	102	2,01	4,02	163	2,21	4,42	248	2,39	4,79
42	1,62	3,25	103	2,01	4,03	164	2,21	4,13	250	2,40	4,80
43	1,63	3,27	104	2,02	4,03	165	2,22	4,43	252	2,40	4,80
44	1,64	3,29	105	2,02	4,04	166	2,22	4,44	254	2,40	4,81
45	1,65	3,31	106	2,03	4,05	167	2,22	4,45	256	2,41	4,82
46	1,66	3,33	107	2,03	4,06	168	2,23	4,45	258	2,41	4,82
47	1,67	3,34	108	2,03	4,07	169	2,23	4,46	260	2,41	4,83
48	1,68	3,36	109	2,04	4,07	170	2,23	4,46	262	2,42	4,84
49	1,69	3,38	110	2,04	4,08	171	2,23	4,47	264	2,42	4,84
50	1,70	3,40	111	2,05	4,09	172	2,24	4,47	266	2,42	4,85
51	1,71	3,42	112	2,05	4,10	173	2,24	4,48	268	2,43	4,86
52	1,72	3,43	113	2,05	4,11	174	2,24	4,48	270	2,43	4,86
53	1,72	3,45	114	2,06	4,11	175	2,24	4,49	272	2,43	4,87
54	1,73	3,46	115	2,06	4,12	176	2,25	4,49	274	2,44	4,88
55	1,74	3,48	116	2,06	4,13	177	2,25	4,50	276	2,44	4,88
56	1,75	3,50	117	2,07	4,14	178	2,25	4,50	278	2,44	4,89
57	1,76	3,51	118	2,07	4,14	179	2,25	4,51	280	2,45	4,89
58	1,76	3,53	119	2,08	4,15	180	2,26	4,51	282	2,45	4,90
59	1,77	3,54	120	2,08	4,16	181	2,26	4,52	284	2,45	4,91
60	1,78	3,56	121	2,08	4,17	182	2,26	4,52	286	2,46	4,91
61	1,79	3,57	122	2,09	4,17	183	2,26	4,52	288	2,46	4,92

Tabelle III.

b	p₁ bezw. $\frac{1}{2}(p_1+p_2)$ (Überdruck in kg/qm)	c +10	p₁ bezw. $\frac{1}{2}(p_1+p_2)$ (Überdruck in kg/qm)	c +10
	750	0,00	19 300	9,60
,92	1 030	9,99	20 000	9,59
,93	1 320	9,98	20 700	9,58
,94	1 620	9,97	21 500	9,57
,94	1 930	9,96	22 200	9,56
,95	2 240	9,95	23 000	9,55
,95	2 560	9,94	23 800	9,54
,97	2 890	9,93	24 600	9,53
,98	3 220	9,92	25 500	9,52
,00	3 560	9,91	26 300	9,51
,01	3 920	9,90	27 200	9,50
,02	4 280	9,89	28 100	9,49
,04	4 640	9,88	29 100	9,48
,05	5 020	9,87	30 000	9,47
,06	5 400	9,86	31 000	9,46
,08	5 800	9,85	32 000	9,45
,09	6 200	9,84	33 000	9,44
,10	6 600	9,83	34 000	9,43
11	7 000	9,82	35 100	9,42
,12	7 500	9,81	36 100	9,41
,14	7 900	9,80	37 300	9,40
15	8 350	9,79	38 400	9,39
,16	8 800	9,78	39 600	9,38
,17	9 300	9,77	40 700	9,37
18	9 800	9,76	42 000	9,36
,19	10 300	9,75	43 200	9,35
20	10 800	9,74	44 500	9,34
21	11 300	9,73	45 800	9,33
22	11 800	9,72	47 100	9,32
24	12 400	9,71	48 500	9,31
25	12 900	9,70	49 900	9,30
26	13 500	9,69	51 300	9,29
27	14 100	9,68	52 800	9,28
28	14 700	9,67	54 300	9,27
29	15 300	9,66	55 800	9,26
30	15 900	9,65	57 400	9,25
31	16 600	9,64	59 000	9,24
32	17 200	9,63	60 600	9,23
33	17 900	9,62	62 300	9,22
33	18 600	9,61	64 000	9,21

Weitere b-Werte am Rand: 34, 35, 36, 37, 38, 39, 40, 42, 43, 45, 46, 48, 50, 51, 53, 54, 56, 58, 61, 64, 67, 69

Tabelle IV.

i	h	i	h
2,736	0,01	3,629	0,11
3,022	0,02	3,652	0,12
3,184	0,03	3,672	0,13
3,294	0,04	3,689	0,14
3,376	0,05	3,705	0,15
3,440	0,06	3,718	0,16
3,492	0,07	3,730	0,17
3,535	0,08	3,740	0,18
3,571	0,09	3,749	0,19
3,602	0,10	3,755	0,20

g	Druck-Verlust p_1-p_2 bezw. $(p_1-p_2)'$ kg/qm	$f'_{(0,1,2)}=$ 13 mm ½"	19 mm ¾"	25 mm 1"
0,70	5	0,78	1,62	2,20
1,00	10	1,08	1,91	2,50
1,18	15	1,26	2,08	2,68
1,30	20	1,38	2,21	2,80
1,40	25	1,48	2,30	2,90
1,48	30	1,56	2,38	2,98
1,54	35	1,63	2,45	3,05
1,60	40	1,69	2,51	3,11
1,65	45	1,74	2,56	3,16
1,70	50	1,78	2,61	3,20
1,74	55	1,82	2,65	3,24
1,78	60	1,86	2,69	3,28
1,81	65	1,90	2,72	3,32
1,85	70	1,93	2,75	3,35
1,88	75	1,96	2,78	3,38
1,90	80	1,99	2,81	3,41
1,93	85	2,01	2,84	3,45
1,95	90	2,04	2,86	3,46
1,98	95	2,06	2,88	3,48
2,00	100	2,08	2,91	3,50
2,04	110	2,12	2,95	3,54
2,08	120	2,16	2,99	3,58
2,11	130	2,20	3,02	3,62
2,15	140	2,23	3,05	3,65
2,18	150	2,26	3,08	3,68
2,20	160	2,29	3,11	3,71
2,23	170	2,31	3,14	3,73
2,26	180	2,34	3,16	3,76
2,28	190	2,36	3,19	3,78
2,30	200	2,38	3,21	3,80
2,32	210	2,41	3,23	3,83
2,34	220	2,43	3,25	3,85
2,36	230	2,45	3,27	3,87
2,38	240	2,46	3,29	3,88
2,40	250	2,48	3,31	3,90
2,41	260	2,50	3,32	3,92
2,43	270	2,51	3,34	3,93
2,45	280	2,53	3,35	3,95
2,46	290	2,55	3,37	3,97
2,48	300	2,56	3,38	3,98
2,49	310	2,57	3,40	3,99
2,51	320	2,59	3,41	4,01
2,52	330	2,60	3,43	4,02
2,53	340	2,61	3,44	4,03
2,54	350	2,63	3,45	4,05
2,56	360	2,64	3,46	4,06
2,57	370	2,65	3,48	4,07
2,58	380	2,66	3,49	4,08
2,59	390	2,67	3,50	4,09
2,60	400	2,69	3,51	4,10
2,62	420	2,71	3,53	4,13
2,64	440	2,73	3,55	4,15
2,66	460	2,75	3,57	4,17
2,68	480	2,76	3,59	4,18
2,70	500	2,78	3,61	4,20
2,74	550	2,82	3,65	4,24
2,78	600	2,86	3,69	4 28
2,81	650	2,90	3,72	4,32
2,85	700	2,93	3,75	4,35
2,88	750	2,96	3,78	4,38

Tabelle II.

6	7	8	9	10	11	12	13	14	15	16	17	18	19	20	21
$a + b + (c) + (h)$					g	Druck-Verlust $p_1 - p_2$ bezw. $(p_1 - p_2)'$ kg/qm	$f_{(0,1,2)} = a + b + (c) + (h)$								g
32 mm	38 mm	50 mm	63 mm	76 mm			13 mm	19 mm	25 mm	32 mm	38 mm	50 mm	63 mm	76 mm	
1¼"	1½"	2"	2½"	3"			½"	¾"	1"	1¼"	1½"	2"	2½"	3"	
2,74	3,11	3,71	4,21	4,62	2,90	800	2,99	3,81	4,41	4,94	5,32	5,91	6,41	6,82	4,41
3,04	3,41	4,01	4,51	4,92	2,93	850	3,01	3,84	4,43	4,97	5,34	5,94	6,44	6,85	4,43
3,22	3,59	4,18	4,69	5,09	2,95	900	3,04	3,86	4,46	4,99	5,37	5,96	6,46	6,87	4,45
3,34	3,71	4,31	4,81	5,22	2,98	950	3,06	3,89	4,48	5,02	5,39	5,99	6,49	6,90	4,46
3,44	3,81	4,41	4,91	5,32	3,00	1 000	3,08	3,91	4,50	5,04	5,41	6,01	6,51	6,92	4,48
3,52	3,89	4,49	4,99	5,40	3,04	1 100	3,12	3,95	4,54	5,08	5,45	6,05	6,55	6,96	4,49
3,58	3,96	4,55	5,05	5,46	3,08	1 200	3,16	3,99	4,58	5,12	5,49	6,09	6,59	7,00	4,51
3,64	4,02	4,61	5,11	5,52	3,11	1 300	3,20	4,02	4,62	5,15	5,53	6,12	6,62	7,03	4,52
3,69	4,07	4,66	5,16	5,57	3,15	1 400	3,23	4,05	4,65	5,19	5,56	6,15	6,66	7,06	4,53
3,74	4,11	4,71	5,21	5,62	3,18	1 500	3,26	4,08	4,68	5,22	5,59	6,18	6,69	7,09	4,54
3,78	4,14	4,75	5,25	5,66	3,20	1 600	3,29	4,11	4,71	5,24	5,62	6,21	6,71	7,12	4,56
3,82	4,19	4,79	5,29	5,70	3,23	1 700	3,31	4,14	4,73	5,27	5,64	6,24	6,74	7,15	4,57
3,85	4,23	4,82	5,32	5,73	3,26	1 800	3,34	4,16	4,76	5,29	5,67	6,26	6,77	7,17	4,58
3,88	4,26	4,85	5,36	5,76	3,28	1 900	3,36	4,19	4,78	5,32	5,69	6,29	6,79	7,20	4,59
3,91	4,29	4,88	5,39	5,79	3,30	2 000	3,38	4,21	4,80	5,34	5,71	6,31	6,81	7,22	4,60
3,94	4,32	4,91	5,41	5,82	3,32	2 100	3,41	4,23	4,83	5,36	5,74	6,33	6,83	7,24	4,62
3,97	4,34	4,94	5,44	5,85	3,34	2 200	3,43	4,25	4,85	5,38	5,76	6,35	6,85	7,26	4,64
3,99	4,37	4,96	5,46	5,87	3,36	2 300	3,45	4,27	4,87	5,40	5,78	6,37	6,87	7,28	4,66
4,02	4,39	4,99	5,49	5,89	3,38	2 400	3,46	4,29	4,88	5,42	5,79	6,39	6,89	7,30	4,68
4,04	4,41	5,01	5,51	5,92	3,40	2 500	3,48	4,31	4,90	5,44	5,81	6,41	6,91	7,32	4,70
4,08	4,45	5,05	5,55	5,96	3,41	2 600	3,50	4,32	4,92	5,45	5,83	6,42	6,93	7,33	4,72
4,12	4,49	5,09	5,59	6,00	3,43	2 700	3,51	4,34	4,93	5,47	5,84	6,44	6,94	7,35	4,73
4,15	4,53	5,12	5,62	6,03	3,45	2 800	3,53	4,35	4,95	5,49	5,86	6,46	6,96	7,37	4,75
4,19	4,56	5,15	5,66	6,06	3,46	2 900	3,55	4,37	4,97	5,50	5,88	6,47	6,97	7,38	4,76
4,22	4,59	5,18	5,69	6,09	3,48	3 000	3,56	4,38	4,98	5,52	5,89	6,49	6,99	7,40	4,78
4,24	4,62	5,21	5,71	6,12	3,51	3 200	3,59	4,41	5,01	5,54	5,92	6,51	7,02	7,42	
4,27	4,64	5,24	5,74	6,15	3,53	3 400	3,61	4,44	5,03	5,57	5,94	6,54	7,04	7,45	
4,29	4,67	5,26	5,77	6,17	3,56	3 600	3,64	4,46	5,06	5,60	5,97	6,56	7,07	7,47	
4,32	4,69	5,29	5,79	6,20	3,58	3 800	3,66	4,49	5,08	5,62	5,99	6,59	7,09	7,50	
4,34	4,71	5,31	5,81	6,22	3,60	4 000	3,69	4,51	5,11	5,64	6,02	6,61	7,11	7,52	
4,36	4,74	5,33	5,83	6,24	3,62	4 200	3,71	4,53	5,13	5,66	6,04	6,63	7,13	7,54	
4,38	4,76	5,35	5,85	6,26	3,64	4 400	3,73	4,55	5,15	5,68	6,06	6,65	7,15	7,56	
4,40	4,78	5,37	5,87	6,28	3,66	4 600	3,75	4,57	5,17	5,70	6,08	6,67	7,17	7,58	
4,42	4,79	5,39	5,89	6,30	3,68	4 800	3,76	4,59	5,18	5,72	6,09	6,69	7,19	7,60	
4,44	4,81	5,41	5,91	6,32	3,70	5 000	3,78	4,61	5,20	5,74	6,11	6,71	7,21	7,62	
4,45	4,83	5,42	5,93	6,33	3,74	5 500	3,82	4,65	5,24	5,78	6,15	6,75	7,25	7,66	
4,47	4,84	5,44	5,94	6,35	3,78	6 000	3,86	4,69	5,28	5,82	6,19	6,79	7,29	7,70	
4,49	4,86	5,46	5,96	6,37	3,81	6 500	3,90	4,72	5,32	5,85	6,23	6,82	7,32	7,73	
4,50	4,88	5,47	5,97	6,38	3,85	7 000	3,93	4,75	5,35	5,88	6,26	6,85	7,36	7,76	
4,52	4,89	5,49	5,99	6,40	3,88	7 500	3,96	4,78	5,38	5,91	6,29	6,88	7,39	7,79	
4,53	4,90	5,50	6,00	6,41	3,90	8 000	3,99	4,81	5,41	5,94	6,32	6,91	7,41	7,82	
4,54	4,92	5,51	6,02	6,42	3,93	8 500	4,01	4,84	5,43	5,97	6,34	6,94	7,44	7,85	
4,56	4,93	5,53	6,03	6,44	3,95	9 000	4,04	4,86	5,46	5,99	6,37	6,96	7,46	7,87	
4,57	4,94	5,54	6,04	6,45	3,98	9 500	4,06	4,89	5,48	6,02	6,39	6,99	7,49	7,90	
4,58	4,96	5,55	6,05	6,46	4,00	10 000	4,08	4,91	5,50	6,04	6,41	7,01	7,51	7,92	
4,60	4,97	5,56	6,07	6,47	4,04	11 000	4,12	4,95	5,54	6,08	6,45	7,05	7,55	7,96	
4,61	4,98	5,58	6,08	6,49	4,08	12 000	4,16	4,99	5,58	6,12	6,49	7,09	7,59	8,00	
4,62	4,99	5,59	6,09	6,50	4,11	13 000	4,20	5,02	5,62	6,15	6,53	7,12	7,62	8,03	
4,63	5,00	5,60	6,10	6,51	4,15	14 000	4,23	5,05	5,65	6,19	6,56	7,15	7,66	8,06	
4,64	5,02	5,61	6,11	6,52	4,18	15 000	4,26	5,08	5,68	6,22	6,59	7,18	7,69	8,09	
4,66	5,04	5,63	6,13	6,54	4,20	16 000	4,29	5,11	5,70	6,24	6,62	7,21	7,71	8,12	
4,68	5,06	5,65	6,15	6,56	4,23	17 000	4,31	5,14	5,73	6,27	6,64	7,24	7,74	8,15	
4,70	5,08	5,67	6,17	6,58	4,26	18 000	4,34	5,16	5,76	6,29	6,67	7,26	7,77	8,17	
4,72	5,09	5,69	6,19	6,60	4,28	19 000	4,36	5,19	5,78	6,32	6,69	7,29	7,79	8,20	
4,74	5,11	5,71	6,21	6,62	4,30	20 000	4,38	5,21	5,80	6,34	6,71	7,31	7,81	8,22	
4,78	5,15	5,75	6,25	6,66	4,32	21 000	4,41	5,23	5,83	6,36	6,74	7,33	7,83	8,24	
4,82	5,19	5,79	6,29	6,70	4,34	22 000	4,43	5,25	5,85	6,38	6,76	7,35	7,85	8,26	
4,85	5,23	5,82	6,32	6,73	4,36	23 000	4,45	5,27	5,87	6,40	6,78	7,37	7,87	8,28	
4,88	5,25	5,85	6,36	6,76	4, 8	24 000	4,46	5,29	5,89	6,42	6,79	7,39	7,89	8,30	
4,91	5,28	5,88	6,39	6,79	4,40	25 000	4,48	5,31	5,90	6,44	6,81	7,41	7,91	8,32	

Einheit
Wasser

Be

V pr
für

V pr
fü

für gut
Bogen,

für sc

$d =$
$l =$
$Q =$
$V =$

24	25	26	27	28	29	30

$$f_{(0,1,2)} = a + b + (c) + (h)$$

19 mm	25 mm	32 mm	38 mm	50 mm	63 mm	76 mm
$^3/_4''$	$1''$	$1^1/_4''$	$1^1/_2''$	$2''$	$2^1/_2''$	$3''$
5,32	5,92	6,45	6,83	7.42	7,92	8,33
5,34	5,93	6,47	6,84	7,44	7,94	8,35
5,35	5,95	6,49	6,86	7,46	7,96	8,36
5,37	5,97	6,50	6,88	7,47	7,97	8,38
5,88	5,98	6,52	6,89	7,49	7,99	8,40
5,40	5,99	6,53	6,90	7,50	8,00	8,41
5,41	6,01	6,54	6,92	7,51	8,02	8,42
5,43	6,02	6,56	6,93	7,53	8,03	8,44
5,44	6,03	6,57	6,94	7,54	8,04	8,45
5,45	6,05	6,58	6,96	7,55	8,05	8,46
5,46	6,06	6,60	6,97	7,56	8,07	8,47
5,48	6,07	6,61	6,98	7,58	8,08	8,49
5,49	6,08	6,62	6,99	7,59	8,09	8,50
5,50	6,09	6,63	7,00	7,60	8,10	8,51
5,51	6,11	6,64	7,02	7,61	8,11	8,52
5,53	6,13	6,66	7,04	7,63	8,13	8,54
5,55	6,15	6,68	7,06	7,65	8,15	8,56
5,57	6,17	6,70	7,08	7,67	8,17	8,58
5,59	6,18	6,72	7,09	7,69	8,19	8,60
5,61	6,20	6,74	7,11	7,71	8,21	8,62
5,62	6,22	6,76	7,13	7,72	8,23	8,63
5,64	6,24	6,77	7,15	7,74	8,24	8,65
5,66	6,25	6,79	7,16	7,76	8,26	8,67
5,67	6,27	6,80	7,18	7.77	8,27	8,68
5,69	6,28	6,82	7,19	7,78	8,29	8,70

Tabelle V.

sweisen Berechnung der Kondensations
n Widerständen entsprechenden ideellen
Rohrlängen x.

$^3/_4''$	$1''$	$1^1/_4''$	$1^1/_2''$	$2''$	$2^1/_2''$	$3''$
0,11	0,12	0,14	0,16	0,20	0,22	0,25
0,26	0,33	0,40	0,50	0,70	0,80	0,90
0,40	0,50	0,65	0,75	1,00	1,25	1,50
0,80	1,00	1,30	1,50	2,00	2,50	3,00

ng der Bezeichnungen.

mm,

welche stündlich am Ende der Leitung
oll,
ations-Wassermenge in kg innerhalb der

$p_1 =$ Anfangsdruck des Dampfes in kg/qm (Überdruck),
$p_2 =$ Enddruck „ „ „ „ „
$x =$ ideelle Rohrlänge, welche an Stelle von Widerständen in die
Berechnung eingeführt werden kann (Tabelle V),
$a, b, c, f_{(0,1,2)}, g, h, i =$ logarithm. Hilfszahlen.

1. Beispiel.

Berechnung einer Niederdruckdampfleitung.

Gegeben $d = 25$ mm, $l = 29$ m, $Q = 10$ kg, $V = 4$ kg

Zu $l = 29$ m gehört (Tabelle I, Spalten 1
und 2) . . . . $a = 1,46$

» $Q + \dfrac{V}{2} = 10 + 2 = 12$ kg gehört

(Tabelle I, Spalten 1 und 3) . . $\underline{\quad b = 2,16\quad}$

daher $f_0 = a + b = 3,62$

Hierzu gehört nach Tabelle II für 25 mm - Rohr
(Spalten 5 und 2) ein Druckverlust $p_1 - p_2 = 130$ kg/qm.

2. Beispiel.

**Berechnung einer Hochdruckdampfleitung mit geringem Spannungs-
verlust.**

Gegeben $p_1 = 41\,000$ kg/qm, $d = 25$ mm, $l = 10$ m, $Q = 120$ kg,
$V = 2$ kg.

Zu $l = 10$ m gehört (Tabelle I,
Spalten 1 und 2) . . . . . $a = 1,00$

» $Q + \dfrac{V}{2} = 120 + 1 = 121$ kg ge-

hört (Tabelle I, Spalten 4 u. 6) $b = 4,17$

» $p_1 = 41\,000$ kg/qm gehört (Tab III,
Spalten 3 und 4) . . . . . $\underline{\quad c = 9,37\,^{[1]}\quad}$

daher $f_1 = a + b + c = 4,54$.

Hierzu gehört nach Tabelle II für 25 mm - Rohr
(Spalten 15 und 12) ein Druckverlust $(p_1 - p_2)' = 1100$ kg/qm.$^{[2]}$

3. Beispiel.

Berechnung einer Hochdruckleitung (allgemeiner Fall).

Gegeben $p_1 = 30\,000$ kg/qm, $d = 25$ mm, $l = 100$ m, $Q = 120$ kg,
$V = 12$ kg.

Zu $l = 100$ m gehört (Tabelle I,
Spalten 4 und 5) . . . . . $a = 2,00$,

» $Q + \dfrac{V}{2} = 120 + 6 = 126$ kg ge-

hört (Tabelle I, Spalten 7 u. 9) $b = 4,20$,

» $p_1 = 30\,000$ kg/qm gehört (Tb. III,
Spalten 3 und 4) . . . . . $\underline{\quad c = 9,47,^{[1]}\quad}$

daher $f_1 = a + b + c = 5,67$.

Hierzu gehört nach Tabelle II für
(25 mm-Rohr Spalten 15 u. 11) $g = 4,17$,

Addiert man hierzu nochmals . . $\underline{\quad c = 9,47,\quad}$

so erhält man . . . . $i = 3,64$.

Hierzu gehört nach Tabelle IV
(Spalten 3 und 4) . . . . $h = 0,115$,

Addiert man hierzu wieder . . . $\underline{\quad f_1 = 5,67,\quad}$

so erhält man

$$f_2 = h + f_1 = a + b + c + h = 5,785.$$

Hierzu gehört nach Tabelle II für 25 mm-Rohr
(Spalten 15 und 12) ein Druckverlust $p_1 - p_2 = 19\,250$ kg/qm.

---

[1]) Die Zahlen $c = 9,37$, $9,47$ sind Logarithmen von echten
Brüchen und würden eigentlich zu schreiben sein $9,37 - 10$, $9,47 - 10$.
[2]) Beträgt $(p_1 - p_2)'$ $n^0/_0$ von p_1 ($n < 20$), so ergibt bereits ein
Zuschlag von $\dfrac{n}{2}^0/_0$ zu $(p_1 - p_2)'$ eine Zahl z, welche größer ist,
als der richtige Druckverlust $p_1 - p_2$ ($p_1 < 60\,000$ kg/qm).
$$(p_1 - p_2)' < p_1 - p_2 < z.$$

Druck von R. Oldenbourg in München.

www.ingramcontent.com/pod-product-compliance
Lightning Source LLC
Chambersburg PA
CBHW031455180326
41458CB00002B/777